Bibliografische Information der Deutschen Nationalbibliothek:

Die Deutsche Bibliothek verzeichnet diese Publikation in der Deutschen National-
bibliografie; detaillierte bibliografische Daten sind im Internet über http://dnb.d-
nb.de/ abrufbar.

Impressum:

Copyright © 2012 GRIN Verlag, Open Publishing GmbH
Druck und Bindung: Books on Demand GmbH, Norderstedt Germany
ISBN: 978-3-668-13297-9

Dieses Buch bei GRIN:

http://www.grin.com/de/e-book/306484/ernaehrungsverhalten-im-wandel-vegeta-
rismus-von-der-antike-bis-zur-gegenwart

Manuela Gruber

Ernährungsverhalten im Wandel. Vegetarismus von der Antike bis zur Gegenwart

GRIN Verlag

Inhaltsverzeichnis

1. Einleitung

„Essen ist heute Teil der individuellen Lebensphilosophie geworden: Es geht um Gesundheit, Ethik, Lebensqualität und Status."[1]

Dass unser Ernährungsalltag nicht nur sehr komplex geworden ist sondern auch einem gesellschaftlichen Wandel unterliegt, zeigen gesellschaftliche Entwicklungen wie beispielsweise die steigende Erwerbsbeteiligung und die Flexibilisierung der Arbeitsmuster, der Wandel der Geschlechterbeziehungen und Werteinstellungen oder die Individualisierung und die strukturelle Entwicklung auf Produktions- und Marktseite (Stichworte: industrielle Massenproduktion, Globalisierung, Lebensmittelskandale, mediale Ernährungsdiskurse, usw.).[2] Wandlungsprozesse sind beispielsweise die starke Individualisierung, wo Menschen aufgrund der sich laufend veränderten Lebenslagen und –verläufen vermehrt mit Umbrüchen im Lebenslauf konfrontiert sind (z.B. Scheidungen, Auszeiten oder Umzüge durch gestiegene Mobilitätserfordernisse, Phasen der Arbeitslosigkeit usw.). Das bedeutet für jeden Einzelnen mehr Handlungsspielraum und somit aber auch einen Verlust an Sicherheit und Stabilität im Leben. Ein Beispiel zum Trend der Individualisierung in Bezug auf die Ernährung: Wo früher eine Mahlzeit für alle auf den Tisch kam, bestimmt mittlerweile jeder selbst, was er wann und wo essen will. Speisen werden mehr und mehr individuell zusammengestellt. „Nachdem Ernährungspraktiken (in unterschiedlichem Ausmaß) habitualisiert sind, können solche Umbrüche zum Überdenken bisheriger Routinen, zur Neubewertung von Esspraktiken und Lebensmitteln und zur Nachfrage nach neuen Produkten führen."[3]

Das führt dazu, dass das Fleisch als Nahrungsmittel in den letzten Jahren verstärkt eine Neubewertung erhalten hat. In unserer Kultur zählte der Verzehr von Fleisch und tierischen Produkten seit Jahrhunderten zur Selbstverständlichkeit. Jahrzehntelang war der Konsum von Fleisch Ausdruck für einen hohen Lebensstandard. Doch es wird gesellschaftlich immer weniger akzeptiert große Mengen an Wurst und Schnitzel zu verzehren. Denn der übermäßige Fleischverzehr ist für viele Menschen mit gesundheitlichen Problemen verbunden. Durch das wachsende Gesundheitsbewusstsein und die zunehmende Aufklärung sind der Verzicht auf Fleisch und der bewusst geringe Fleischkonsum in unserer Gesellschaft mittlerweile akzeptiert. Große Mengen

---

[1] Bosshart D., Hauser M.: European Food Trends Report – Perspektiven für Industrie, Handel und Gastronomie, Rüschlikon/Zürich, 2008, S. 6
[2] Brunner, K.-M.: Essenskulturen in sozialen Wandel, in: Engel, G., Scholz, S.: Essenskulturen, Berlin, 2008, S. 11f
[3] Brunner, K.-M.: Risiko Lebensmittel? Lebensmittelskandale und andere Verunsicherungsfaktoren als Motiv für Ernährungsumstellungen, Wien, 2006, im Internet: www.konsumwende.de

Fleisch zu konsumieren ist nicht nur schlecht für die Gesundheit, sondern auch für das Klima und für Millionen von Tieren. Mit diesen Argumenten wird der Konsum von Fleisch in Frage gestellt. So ist in Sachen Ernährung ein Umdenken bemerkbar und Speisen ohne Fleisch finden immer öfter und gern ihren berechtigten Platz auf dem Tisch der Österreicher und Österreicherinnen. Die vegetarische Küche erfreut sich zunehmender Beliebtheit.

Diese Arbeit widmet sich der historischen Darstellung des Vegetarismus. Es werden die für die Entwicklung der vegetarischen Ernährung wichtige Epochen näher erläutert. Im ersten Schritt wird das Zeitalter der Antike mit dem Philosophen Pythagoras als wichtigen Wegbegleiter des Vegetarismus näher skizziert. Der Vegetarismus im 19. und 20. Jahrhundert soll als zweite bedeutende Epoche der Entwicklung der vegetarischen Ernährungsweise hervorgehoben werden, da das Zeitalter der Industrialisierung sowie das entstehende Vereinswesen für eine Verbreitung des fleischlosen Lebensstils sorgte. Abschließend soll die aktuelle Situation der Vegetarier und Vegetarierinnen im 21. Jahrhundert dargestellt werden.

2   Die Geschichte des Vegetarismus

Über lange Zeit hinweg ernährte sich die Mehrheit der Menschen aufgrund des vorhandenen Nahrungsangebotes überwiegend vegetarisch. Die Idee vom Vegetarismus als Lebens- und Ernährungsweise ist also keinesfalls eine Erfindung des 20. Jahrhunderts. Der Grundstein für eine vegetarische Lebensweise als Weltanschauung, mit den damit verbundenen ethisch-philosophischen Überlegungen, wurde in der Antike, insbesondere im alten Griechenland gelegt.

Es ist hier nicht möglich, die gesamte Geschichte des Vegetarismus darzustellen, da sie sehr umfangreich ist. Nachfolgend werden zwei für die Entwicklung der vegetarischen Ernährung besonders wichtige Epochen näher erläutert: der Vegetarismus und seine Wurzeln im antiken Griechenland zu Zeiten von Pythagoras im 6. Jahrhundert v. Chr. und die moderne vegetarische Bewegung im 19. und 20. Jahrhundert.

2.1   Die ersten Vegetarier in der Antike

Während Fleisch in der Antike nur von reicheren Menschen verzehrt wurde, ernährten sich das griechische und das römische Volk vorwiegend von pflanzlicher Kost wie Getreide, Gemüse und Obst. Trotzdem waren zu dieser Zeit Tierkämpfe und Hetzjagden gesellschaftlich sehr angesehen. Für das griechische Volk spielten Tieropfer eine große Rolle. Das Töten von Tieren und der Fleischverzehr hatten große Bedeutung in Zusammenhang mit Bräuchen. Wer Fleischkonsum ablehnte, verschloss sich dadurch den Höhepunkten des festlichen Lebens und hob sich bewusst als Außenseiter vom Rest der Gesellschaft ab.[4]

Eine Ablehnung der Tieropfer und des anschließend zelebrierten Fleischmahls in der griechisch-antiken Gesellschaft kam einer religiösen Revolution gleich und hatte eine radikale Selbstausgrenzung aus der Gesellschaft zur Folge.[5]

Die ersten Berichte des antiken Vegetarismus lieferte eine Gemeinschaft mit religiösem Hintergrund im 6. Jahrhundert v. Chr.: die Gruppe der Orphiker, eine religiöse Sekte. Diese Lebensweise wurde durch Platon (Philosoph, Griechenland, 427-347 v. Chr.) überliefert. Orphiker lehnten die blutigen Tieropferkulte und die religiösen Opferfeiern der Griechen ab. Durch ihren Wunsch der „Befreiung der Seele" traten sie für Askese und Enthaltsamkeit ein und vermieden Fleisch, Eier und sogar Wolle. *„Die Orphiker waren der Ansicht, die Seele sei wegen einer früheren Schuld im Körper wie in einem Grab eingeschlossen und müsse sich durch Reinigung so gut wie möglich von dieser Schuld lösen, um ein seelisches Dasein zu gewinnen. Deshalb verzichteten sie auf Fleischgenuss und lehnten Tieropfer ab."[6]*

Viele Argumente für eine fleischlose Ernährung, die heute noch Gültigkeit haben, existierten auch in der Antike. Zunächst hatte die vegetarische Ernährung aber vorrangig religiös motivierte Wurzeln. Der religiöse Vegetarismus der Orphiker wurde anschließend von Pythagoras (Philosoph, um 570 bis um 500 v. Chr.) als Begründer des ethischen Vegetarismus mit eindeutig religiösen Wurzeln aufgegriffen.

---

[4] http://www.vegan.at
[5] Dierauer, U.: Vegetarismus und Tierschonung in der griechisch-römischen Antike, in: Linnemann, M., Schorcht, C.: Vegetarismus. Zur Geschichte und Zukunft einer Lebensweise, Erlangen, 2010, S. 11f
[6] vgl. Dierauer (2010), S. 12

Abb. 1: Pythagoras von Samos[7]

„Wer mit dem Messer die Kehle eines Rindes durchtrennt, der ist vom Verbrechen nicht weit entfernt", oder *„Alles, was der Mensch den Tieren antut, kommt auf den Menschen zurück,"* so Pythagoras, der bis heute als Begründer des europäischen Vegetarismus gilt. Viele Jahrhunderte lang nannte man die Personen, die kein Fleisch verzehrten, auch nicht Vegetarier sondern Pythagoreer.[8]

Der von Pythagoras propagierte Vegetarismus ist gut belegt und geht einerseits auf das Motiv der sogenannten Seelenlehre bzw. Seelenwanderung zurück, wo die Seele des Menschen nach seinem Tod auch in einen Tierkörper eingehen kann. Das Schlachten von Lebewesen würde also bedeuten, dass man mit dem Opfertier möglicherweise einen Artgenossen oder sogar einen nahen Verwandten verzehren würde. Deshalb wurde Fleisch von Pythagoras und seinen Anhängern und Schülern, den sogenannten Pythagoreern strikt abgelehnt. Andererseits hatte unter Pythagoras auch das Motiv der Tierschonung und somit ethische Hintergründe Bedeutung in der vegetarischen Lebensweise. Der Verzehr von Eiern sowie das Tragen von Kleidung aus Wolle waren den Pythagoreern strengstens verboten. Die „pythagoreische Diät" bestand aus Brot, Honig, Getreide, Früchten und Gemüse. Die Geschichte des Vegetarismus ist besonders stark durch das Pythagoreertum und seine Verhaltens- und Speisevorschriften geprägt. Trotzdem ist es wichtig hervorzuheben, dass es sich um eine freiwillig gewählte Lebensweise handelt, die in der antiken Gesellschaft eine Ausnahme war. Somit waren die sogenannten Pythagoreer auch eine soziale Randgruppe.[9]

---

[7] http://www.votsalakia.com/becher/pythagoras.jpg
[8] Büchse, N., Kruse, K.: Sind Vegetarier die besseren Menschen?, in: Stern, Ausgabe 4/2011, S. 68ff
[9] vgl. Leitzmann/Keller (2010), S. 39f

Vegetarier galten einst in der Gesellschaft als Außenseiter. Heute ist die Entscheidung für eine vegetarische Ernährungsweise zwar nicht mehr mit gesellschaftlicher Isolation verbunden, trotzdem wird ein Vegetarier oft mit Akzeptanzproblemen konfrontiert. Wie in Zeiten Pythagoras sind Vegetarier heutzutage noch immer eine soziale Randgruppe, nachdem der fleischlose Essstil ausschließlich von einer Minderheit gewählt wird. Vegetarismus ist nach wie vor ein großes Thema in der Gesellschaft, das in vielen Situationen (z. B. Weihnachtsessen, Grillparty, usw.) ein besonders starkes Selbstbewusstsein des Betroffenen erfordert, nachdem dieser seine gewählte fleischlose Ernährungsweise gegenüber „Nicht-Vegetariern" rechtfertigen und begründen muss.

Der Verzicht auf Fleisch in der Antike zur Zeit von Pythagoras war nicht nur eine Entscheidung aus persönlichen Gründen, auf der Grundlage religiöser und/oder ethischer Motive sondern auch ein Zeichen gegen die herrschende Politik. Die Anhänger Pythagoras protestierten gegen die staatlichen Opfermahle, bei denen Tiere geschlachtet und den Anwesenden je nach sozialem Status Fleischstücke zugeteilt wurden. Indem die Pythagoreer das Fleisch verweigerten, dass ihnen zugesprochen wurde, zeigten sie deutlich und öffentlich, dass sie den sozialen Status, der im Rahmen der Opfermahlzeremonien bestätigt wurde, nicht akzeptierten. Somit war die vegetarische Lebensweise der Pythagoreer viel komplexer und inkludierte nicht nur den fleischlosen Lebensstil. Vielmehr war dieser Essstil auch eine Positionierung innerhalb der Gesellschaftssysteme – insbesondere zur einflussreichen Politik und zur Religion. Diese kritische Stellung der Pythagoreer wurde im Rahmen der Nichtteilnahme an den staatlichen Opfermahlzeiten sichtbar.[10]

Auch in der heutigen Zeit hat die persönliche Entscheidung, sich vegetarisch zu ernähren unterschiedliche und oft sehr individuelle Motive, die nicht nur das Etikett „vegetarisch" vermuten lässt. Dieser fleischlose Ess- und Lebensstil, der von vielen mit gesunder Ernährung in Zusammenhang gebracht wird, bedeutet oft auch aktiv ein (politisches) Zeichen gegen z.B. Massentierhaltung, Klimawandel, Umweltskandale oder auch Dioxin im Tierfutter zu setzen. Somit können auch hier Parallelen zu den Anfängen des Vegetarismus während Pythagoras im Sinne der politischen Aktivität gezogen werden.

---

[10] Barlösius, E.: Soziologie des Essens. Eine sozial und kulturwissenschaftliche Einführung in die Ernährungsforschung, München, 2011, S. 53 und S. 119

2.2 Der Vegetarismus im 19. und 20. Jahrhundert

Die von Pythagoras geprägte Lebens- und Ernährungsweise betonte über Jahrtausende die vegetarische Lebensweise. Erst im 19. Jahrhundert erlebte die alternative und fleischlose Ernährungsweise eine neue Blütezeit und der Begriff der Pythagoreer wurde vom Begriff der Vegetarier verdrängt bzw. abgelöst.

Im Verlauf des 19. Jahrhunderts - im Zeitalter der Industrialisierung - war eine grundlegende Veränderung der Gesellschaft zu beobachten. Soziale Missstände, Luftverschmutzung, harte Arbeitsbedingungen in Fabriken und die daraus hervorgerufenen gesundheitlichen Belastungen der Menschen forcierten eine neue Bewegung. Um 1890 entstand die Lebensreformbewegung, die vor allem aus dem mittelständischen Bildungsbürgertum kam. Sie wollten ihr Leben reformieren, indem sie einen natürlichen und gesunden Lebensstil verfolgten.[11]

Die Lebensreform war nicht nur auf eine vegetarische Ernährung fokussiert, sondern bestand aus vielen Einzelbestrebungen wie Naturheilbewegung, Antialkoholbewegung, Gartenstadtbewegung, Freikörper-kulturbewegung (FKK), Reformpädagogik, usw. Neben der Naturheilkunde war die vegetarische Bewegung unter dem Motto „Zurück zur Natur" oder „Natürlichkeit, Verzicht und Gesundheit" die treibende Kraft.[12]

Der damalige Leitsatz stammte vom wichtigsten deutschen Wegbereiter des Vegetarismus Gustav von Struve (1805 – 1870): *„Der Mensch soll so einfach als möglich leben, denn Einfachheit ist die Grundlage allen sittlichen, geistigen und körperlichen Wohlbefindens."* [13]

Durch die Aufklärung der Bevölkerung über die gesundheitlichen Vorteile bei einem Verzicht auf Fleisch und die damit verbundene gesündere Lebensführung, sollte auf ein zukünftiges „vegetarisches Zeitalter" hingewirkt werden.[14]

Entscheidend für den Erfolg der Reformbewegung im Zeitalter der Industrialisierung des 19. Jahrhunderts war die Entwicklung eines Ernährungswandels, aufgrund der Überversorgung mit (verarbeiteten) Nahrungsmitteln, Alkohol und des zunehmenden Fleischkonsums. Die Kritik an den negativen Folgeerscheinungen (wie z.B. die steigende Zahl der Zivilisationskrankheiten) aufgrund des

---

[11] Barlösius, E.: Naturgemäße Lebensführung. Zur Geschichte der Lebensreform um die Jahrhundertwende, Frankfurt am Main, 1997, S. 165
[12] vgl. Leitzmann/Keller (2010), S. 56
[13] Struve, G.: Pflanzenkost, die Grundlage einer neuen Weltanschauung, Stuttgart, 1869, S. 12
[14] Fritzen, F.: Gesünder leben. Die Lebensreformbewegung im 20. Jahrhundert, Stuttgart, 2006, S. 336

Ernährungswandels und die Betonung einer gesunden und natürlichen Ernährung waren der Startschuss für die damalige Ernährungsreform bzw. Lebensreformbewegung. Die fleischlose Ernährung war ein wichtiger Bestandteil der Lebensreformbewegung, trotzdem lebten zu dieser Zeit bei weitem nicht alle Lebensreformer vegetarisch.[15]

2.2.1 Vegetarische Ernährung und Vereinswesen im 19. Jahrhundert

Im 19. Jahrhundert, das auch als das „Jahrhundert der Vereine" bekannt wurde, wurden nationale und lokale Vegetariervereine insbesondere in Großbritannien, den USA und in Deutschland gegründet. In Großbritannien wurde 1847 die „Vegetarian Society" – die „Muttergesellschaft" aller Vegetariervereine - ins Leben gerufen. Mit der Vereinsgründung wurde der Begriff „vegetarian" (englisch für Vegetarier) die offizielle Bezeichnung für die fleischlose Ernährung, während in den Jahrhunderten davor von „pythagorean diet" oder dem „Pythagoräismus" gesprochen wurde.[16]

Im Rahmen der Vereine und der organisierten Vegetariergesellschaften war es erstmals möglich mittels Zeitschriften, Flugblättern und Büchern die vegetarische Idee an die Öffentlichkeit zu kommunizieren und zu verbreiten. Im Unterschied zur Antike und zur pythagoräischen Diät verstand sich der moderne Vegetarismus im 19. Jahrhundert als Bewegung und Strömung, die mit der Unterstützung der Vereine und mit zahlreichen Publikationen ganz bewusst an die breite Öffentlichkeit ging. So wurde im Jahr 1892 in Deutschland der Deutsche Vegetarier-Bund gegründet. Nach dem Zweiten Weltkrieg organisierte sich diese Bewegung neu und die Vegetarier-Union Deutschland (VUD) knüpfte an die Arbeiten des Vegetarier-Bundes an. 1984 wurde der noch heute gültige Vereinsname Vegetarier-Bund Deutschlands e.V. (VEBU) beschlossen. Als Dachverband der nationalen Vegetarier-Verbände in Europa wurde 1985 die European Vegetarian Union (EVU) gegründet.[17]

Die Österreichische Vegetarier Union (ÖVU) wurde 1970 gegründet. Die ÖVU mit Sitz in Graz sieht sich als Interessenvertretung für alle Personen, die an einer vegetarischen Lebensweise interessiert sind. Der Vereinszweck ist die Förderung der vegetarischen Lebensweise, unabhängig davon ob diese Lebensweise aus ethischen, religiösen, gesundheitlichen, ökologischen, ökonomischen oder Tierschutz-Gründen gewählt wurde. Neben dem Hauptzweck der Förderung der vegetarischen (einschließlich der veganen) Ernährungsweise leistet der Verein auch Öffentlichkeitsarbeit zur Unterstützung der Einschränkung des Fleischkonsums, zur Forcierung tierische durch nicht-tierische

---

[15] vgl. Leitzmann/Keller (2010), S. 57f
[16] Spencer, C.: Vegetarianism: a history, London, 2000, S. 238
[17] vgl. Leitzmann/Keller (2010), S. 54f

Produkte zu ersetzen und zum Schutz der Tiere vor Ausbeutung und Quälerei.[18]

Zwei Epochen wurden zur Erläuterung der Geschichte des Vegetarismus näher erläutert: Die historische Entwicklung der vegetarischen Ernährung während der Antike sowie im Zeitabschnitt der Industriali-sierung. Eine genauere Betrachtung zeigt, dass zwischen den ausgewählten Zeitabschnitten Parallelen bestehen.

Die Leitmotive für eine vegetarische Ernährung gegen Ende des 19. Jahrhunderts waren Natürlichkeit, Verzicht und Gesundheit. Auch in der Antike war eines der Hauptmotive für eine fleischlose Ernährung die Askese. Neu war jedoch im Industriezeitalter gegen was und wen die Vegetarier mit ihrem Fleischverzicht protestierten. In der Antike protestierte man mit der Verweigerung von Fleisch gegen die staatlichen Opferfeste, die dazu verwendet wurden, die politische Ordnung zu inszenieren. Im Industriezeitalter wurden der Kapitalismus, die Industrialisierung und die Verstädterung kritisiert, weil damit soziale Probleme verbunden waren. Die Lösung für diese Probleme wurde in einem Lebensstil gesehen, der im Einklang mit der Natur steht – der vegetarische Essstil. Der Vegetarismus zu dieser Zeit beschränkte sich nicht nur auf die fleischlose Ernährung sondern inkludierte auch andere körpergebundene Bereiche des Lebens, wie z.B. Kleidung, Sexualität oder Wohnen. Auch für die Erziehung, Bildung, Familienleben und Haushaltsführung wurden exakte Vorgaben und Richtlinien formuliert. Somit gibt es eine weitere Parallele (neben dem Verzicht) zum historischen Vorläufer: der Vegetarismus des 19. Jahrhunderts war nicht nur ein Ess-, sondern gleichzeitig ein Lebensstil.[19]

Abschließend soll festgehalten werden, dass die vegetarische Ernährungsweise in der Antike ihre Blütezeit hatte und nur die fernöstlichen Religionen das Erbe einer vegetarischen Ernährungsweise bewahrten. Die Industrialisierung ab Mitte und Ende des 19. Jahrhunderts führte dazu, dass sich die vegetarische Lebensweise auch in Europa über die sogenannte Lebensreformbewegung etablieren konnte. Der zunehmende Wohlstand und die mit der zunehmenden Industrialisierung negativen Auswirkungen auf die Gesundheit und Umwelt forcierte das neue Bewusstsein, das viele Menschen überzeugte, eine vegetarische Ernährungsweise zu praktizieren.[20]

Welche Bedeutung die vegetarische Ernährungsweise in der heutigen Zeit hat, zeigt der nächste Abschnitt.

---

[18] http://www.vegetarier.at/
[19] vgl. Barlösius (2011), S. 120
[20] vgl. Leitzmann/Keller (2010), S. 68f

2.3   Aktuelle Situation im 21. Jahrhundert

In den letzten Jahren ist ein Umdenken in Sachen Ernährung bemerkbar und die fleischlose bzw. fleischreduzierte Ernährung wird immer mehr zum Thema in unserer Gesellschaft. Fleisch muss nicht mehr jeden Tag auf den Tisch der Österreicher und Österreicherinnen stehen. Vielmehr erfahren vegetarische Speisen immer öfter Zuspruch und Akzeptanz. Trotzdem liegt der durchschnittliche Fleischkonsum in Österreich im europäischen Spitzenfeld. Nachfolgend sollen die aktuelle Situation der Vegetarier in Österreich und weltweit sowie die Bedeutung des Fleischverbrauchs auf Basis der Daten der Statistik Austria sowie des aktuellen österreichischen Ernährungsberichts von 2008 näher dargestellt werden.

2.3.1 Vegetarier in Österreich und weltweit

Die Anzahl der Personen, die fleischlos leben, ist nicht genau bekannt. Schätzungen der Vegetarierverbände oder Bevölkerungsbefragungen sind die Basis für die Berechnung der Vegetarieranzahl in Österreich und weltweit. Die Problematik bei Befragungen liegt oft darin, dass sich viele Menschen als vegetarisch lebend ausgeben, obwohl sie im eigentlichen Sinne keine sind. Deshalb sind Statistiken zu Vegetariern eher kritisch zu betrachten.

Jedoch lassen sich im Anteil an der Gesamtbevölkerung weltweit nationale Unterschiede erkennen:

Land	Einwohner in Mio.	Anteil der Vegetarier in der Bevölkerung (%)
Australien	20,4	3
Belgien	10,2	2
Dänemark	5,4	2
Deutschland	82,3	8
Frankreich	64,4	2
Großbritannien	60,2	9
Indien	1129,9	40
Irland	4,1	6
Israel	7,2	8
Italien	59,1	10
Kanada	32,9	4
Kroatien	4,5	4
Land	**Einwohner in**	**Anteil der Vegetarier**

	Mio.	**in der Bevölkerung (%)**
Niederlande	16,3	4
Norwegen	4,6	2
Österreich	**8,1**	**3**
Polen	38,1	1
Portugal	10,9	< 1
Rumänien	21,6	4
Schweden	9,2	3
Schweiz	7,6	3
Slowakei	5,4	1
Spanien	45,2	4
Tschechien	10,2	2
USA	303,3	4

Abb. 2: Anteil der Vegetarier in verschiedenen Ländern 2007[21]

Während in der westlichen Welt der Anteil an Vegetariern im einstelligen Prozentbereich liegt schätzt man dass in Indien rund 40 Prozent der Bevölkerung – vorwiegend aus religiösen Gründen – vegetarisch lebt. Der Trend, dass beispielsweise immer mehr Menschen in Deutschland auf Fleisch verzichten, ist hingegen belegt. Laut einer Statistik der Gesellschaft für Konsumforschung in Nürnberg verzichteten 1983 nur 0,6 Prozent der deutschen Bevölkerung auf Produkte toter Tiere.[22] Heute sind es sehr viel mehr und so soll sich die Anzahl der Vegetarier in Deutschland bis heute mehr als verzehnfacht haben.

In der EU stagniert der Konsum tierischer Proteine auf hohem Niveau – zumindest in den alten 15 Mitgliedsstaaten. Bei den neuen Mitgliedern steigt der Fleischverbrauch noch. Und global ist die Verteilung der Fleischration noch sehr ungleich. So isst ein Europäer durchschnittlich 90 Kilo Fleisch im Jahr und ein Inder nur fünf.[23]

Vorreiter für den Stellenwert der vegetarischen Lebensweise in der Bevölkerung ist Großbritannien mit der ältesten Vegetarierorganisation weltweit und mit heute über 14.000 Mitgliedern. Der Vegetarier-Bund in Deutschland verzeichnet rund 2.500 Mitglieder, was einem Zuwachs von fast 50

---

[21] vgl. Leitzmann/Keller (2010), S. 64, (Darstellung auf Basis von Schätzungen verschiedener Vegetarier-Organisationen)
[22] http://www.sueddeutsche.de/leben/der-typische-vegetarier-weiblich-jung-fleischlos-1.21271
[23] Hamm, M.: Über den Tellerrand hinaus, in: Die Zeit Nr. 51, 2009, S. 39

% seit dem Jahr 2000 entspricht. Aus den Mitgliederzahlen der zahlreichen nationalen Vegetarierorganisationen auf die tatsächliche Anzahl der Vegetarier in den verschiedenen Ländern zu schließen ist nicht möglich. Die Mitgliederzahlen der großen Vegetarierverbände in Großbritannien und USA sind rückläufig, obwohl die vegetarische Ernährungsweise auch dort immer mehr Anhänger hat. Eine Erklärung liegt möglicherweise darin, dass der Vegetarismus in unserer Gesellschaft bereits so etabliert ist, dass die meisten Vegetarier keine Notwendigkeit mehr sehen, einem Verein oder Netzwerk anzugehören.[24]

Zusammenfassend können wir festhalten, dass die vielen verschiedenen Formen der vegetarischen Ernährung es sehr schwer machen, eine genaue Zahl an vegetarisch lebenden Personen zu ermitteln. Denn bei Umfragen bezeichnen sich oft auch Menschen als Vegetarier, die auf Fleisch verzichten, aber Fisch essen. Trotzdem steigt das Bewusstsein in der westlichen Welt für eine fleischlose bzw. fleischreduzierte Ernährungsweise.

So geben in zahlreichen Befragungen unter amerikanischen Studenten bereits mehr als 20 Prozent an, Vegetarier zu sein. Ob diese hohe Zahl tatsächlich stimmt, ist eher fraglich, nachdem wahrscheinlich die meisten der Studenten keine „echten" Vegetarier sind. Vielmehr wollen sie sich aber als solche definieren, was einen Fortschritt in der Auseinandersetzung mit dieser zukunftsweisenden Ernährungsform bedeutet.[25]

---

[24] vgl. Leitzmann/Keller (2010), S. 64f und https://www.vebu.de/
[25] http://www.profil.at/articles/1033/560/275891/die-ursache-klimawandel

Literaturverzeichnis (incl. weiterführende Literatur)

Adams, C.: Zum Verzehr bestimmt. Eine feministisch-vegetarische Theorie, Wien 2002

Aigner, L., Amadori, M., Brait, S., Egger, D., Lehner, S.: Zwischen Döner, Bratwurst und Veggie-Burger, in: Der Standard, 27. April 2011

Alvensleben, R.: BSE-Krise, Verbraucherverunsicherung und ihre Folgen, in: Agrarwirtschaft, Heft 6, 1997

Astleithner, F.: Fleischkonsum als Kriterium für nachhaltige Ernährungspraktiken, in: Brunner, K.-M., Geyer, S., Astleithner, F.: Ernährungsalltag im Wandel. Chancen für Nachhaltigkeit, Wien/New York 2007

Badertscher, F., Jörin, R., Riedler, P.: Einstellungen zu Tierschutzfragen: Wirkung auf den Fleischkonsum, in: Agrarwirtschaft, Heft 2, 1998

Barlösius, E., Feichtinger E., Köhler, B.: Ernährung in der Armut. Gesundheitliche, soziale und kulturelle Folgen in der Bundesrepublik Deutschland, Berlin 1995

Barlösius, E.: Naturgemäße Lebensführung. Zur Geschichte der Lebensreform um die Jahrhundertwende, Frankfurt am Main 1997

Barlösius, E.: Soziologie des Essens. Eine sozial- und kulturwissenschaftliche Einführung in die Ernährungsforschung, München 2011

Baumgartner, J.: Vegetarisch im 20. Jahrhundert – eine moderne und zukunftsfähige Ernährung, in: Linnemann, M., Schorcht, C.: Vegetarismus. Zur Geschichte und Zukunft einer Lebensweise, Erlangen, 2010

Bosshart D., Hauser M.: European Food Trends Report – Perspektiven für Industrie, Handel und Gastronomie, Rüschlikon/Zürich, 2008

Bourdieu, P.: Die feinen Unterschiede. Kritik der gesellschaftlichen Urteilskraft, Frankfurt am Main 1998

Brunner, K.-M.: Konsumprozesse im Ernährungsfeld: Chancen für Nachhaltigkeit?, in: Internationaler Arbeitskreis für Kulturforschung des Essens, Mitteilungen 10, 2003

Brunner, K.-M., Kropp, C.: Ökologisierungspotentiale der privaten Konsum- und Ernährungsmuster, in: Diskussionspapier Nr. 1, 2004, S. 35, im Internet: www.konsumwende.de

Brunner, K.-M.: Risiko Lebensmittel? Lebensmittelskandale und andere Verunsicherungsfaktoren als Motiv für Ernährungsumstellungen, Wien, 2006, im Internet: www.konsumwende.de

Brunner, K.-M.: Konsumprozesse: Ernährungspraktiken und nachhaltige Entwicklung, in: Schnedlitz, P., Buber, R., Reutterer, T., Schuh, A., Teller, C.: Innovationen in Marketing und Handel, Wien 2006

Brunner, K.-M.: Ernährungspraktiken und nachhaltige Entwicklung – eine Einführung, in: Brunner, K.-M., Geyer S., Jelenko, M., Weiss, W., Astleithner, F.: Ernährungsalltag im Wandel. Chancen für Nachhaltigkeit, Wien/New York 2007

Brunner, K.-M.: Essenskulturen in sozialen Wandel, in: Engel, G., Scholz, S.: Essenskulturen, Berlin 2008

Brunner, K.-M.: Der Ernährungsalltag im Wandel und die Frage der Steuerung von Konsummustern, in: Ploeger, A., Hirschfelder, G., Schönberger, G.: Die Zukunft auf dem Tisch. Analysen, Trends und Perspektiven der Ernährung von morgen, Wiesbaden 2011

Büchse, N., Kruse, K.: Sind Vegetarier die besseren Menschen?, in: Stern, Ausgabe 4/2011

Dangschat, J.: Wie nachhaltig ist die Nachhaltigkeitsdebatte?, in: Alisch, M. (Hg.): Sozial – Gesund – Nachhaltig. Vom Leitbild zu verträglichen Entscheidungen in der Stadt des 21. Jahrhunderts, Opladen 2001

Dierauer, U.: Vegetarismus und Tierschonung in der griechisch-römischen Antike, in: Linnemann, M., Schorcht, C.: Vegetarismus. Zur Geschichte und Zukunft einer Lebensweise, Erlangen 2010

Döcker, U., Kloimüller, I., Landsteiner, G., Nohel, C., Payer, H., Rützler, H., Sieder, R., Stocker, K.: Fetter, Schwerer, Schneller, Mehr. Mythen und Fakten vom Essen und Trinken, Wien 1994

Eberle, U.: Umwelt-Ernährung-Gesundheit – Beschreibung der Dynamiken eines gesellschaftlichen Handlungsfeldes. Ernährungswende-Diskussionspapier Nr. 1, Köln 2004

Eder, K.: Die Vergesellschaftung der Natur. Studien zur sozialen Evolution der praktischen Vernunft, Frankfurt a. M. 1988

Elmadfa, I., Leitzmann, C.: Ernährung des Menschen, 4. Auflage, Stuttgart 2004

Elmadfa, I.: Österreichischer Ernährungsbericht 2008, Wien 2009

Fiddes, N.: Fleisch. Symbol der Macht, Frankfurt am Main 1993

Fritzen, F.: Gesünder leben. Die Lebensreformbewegung im 20. Jahrhundert, Stuttgart 2006

Geyer, S.: Essen und Kochen im Alltag, in: Brunner, K.-M., Jelenko, M., Weiss, W., Astleithner, F.: Ernährungsalltag im Wandel. Chancen für Nachhaltigkeit, Wien/New York 2007

Giddens, A.: Transformation of Intimacy. Sexuality, Love and Eroticism in Modern Society, Cambridge 1992

Glitsch, K.: Verhalten europäischer Konsumenten und Konsumentinnen gegenüber Fleisch, in: Europäische Hochschulschriften, Reihe V, 1999

Hahn, A.: Vegetarisch in die Zukunft? Eine ernährungsphysiologische Betrachtung, in: Linnemann, M., Schorcht, C.: Vegetarismus – Zur Geschichte und Zukunft einer Lebensweise, Erlangen 2001

Hamm, M.: Über den Tellerrand hinaus, in: Die Zeit Nr. 51, 2009

Hauff, V.: Unsere gemeinsame Zukunft. Der Brundtlandbericht der Weltkommission für Umwelt und Entwicklung, Greven 1987

Heseker, H., Adolf, T., Eberhardt, W., Hartmann, S., Kübler, W., Schneider, R.: Lebensmittel- und Nährstoffaufnahme Erwachsener in der Bundesrepublik Deutschland, Ergebnisse der VERA-Studie, Niederkleen 1994

Hirschfelder, G.: Europäische Esskultur. Geschichte der Ernährung von der Steinzeit bis heute, Frankfurt am Main 2001

Hofer, S., Schüller, S.: Welches Schweinderl hätten sie denn gern?, in: Profil Nr. 29, 18. Juli 2011

Jelenko, M.: Geschlechtsspezifische Ernährungspraktiken, in: Brunner, K.-M., Geyer, S., Astleithner, F.: Ernährungsalltag im Wandel. Chancen für Nachhaltigkeit, Wien/New York 2007

Karmasin, H.: Die geheime Botschaft unserer Speisen. Was Essen über uns aussagt, München 2001

Kerr, M., Charles, N.: Servers und Providers: The Distribution of Food within the Familiy, in: Sociological Review 34, 1, 1986

Kirig, A., Wenzel, E.: Lohas: Bewusst grün – alles über die neuen Lebenswelten, München 2009

Klocke, A.: Der Einfluss sozialer Ungleichheit auf das Ernährungsverhalten im Kinder- und Jugendalter, in: Barlösius, E., Feichtinger E., Köhler, B.: Ernährung in der Armut. Gesundheitliche, soziale und kulturelle Folgen in der Bundesrepublik Deutschland, Berlin 1995

Koerber, K. von, Männle, T., Leitzmann, C.: Vollwert-Ernährung. Konzeption einer zeitgemäßen und nachhaltigen Ernährung, Stuttgart 2004

Kopfmüller, J., Brandl, V., Jörissen, J., Paetau, M., Banse, G., Coenen, R., Grunwald, A.: Nachhaltige Entwicklung integrativ betrachtet, Berlin 2001

Leitzmann, C.: Vegetarismus – Grundlagen, Vorteile, Risiken, München 2009

Leitzmann, C., Keller, M.: Vegetarische Ernährung, 2. Auflage, Stuttgart 2010

Leitzmann, C., Keller, M.: Vegetarische Ernährung – Eine Ernährungsweise mit Zukunft, in: Spiegel der Forschung, Nr. 1/2011, S.22, im Internet: http://geb.uni-giessen.de/geb/volltexte/2011/8117/pdf/SdF-2011-01_20-30.pdf

Lemke, H.: Ethik des guten Essen: Gastrosophisches Plädoyer für eine nachhaltige Esskultur, o.J., o. O.

Lemke, H.: Klimagerechtigkeit und Esskultur – oder „Lerne Tofuwürste lieben!", in: Ploeger, A., Hirschfelder, G., Schönberger, G.: Die Zukunft auf dem Tisch – Analysen, Trends und Perspektiven der Ernährung von morgen, Wiesbaden 2011

Mennell, S., Murcott, A., Otterloo, A.: The Sociology of Food. Eating, Diet and Culture, London 1992

Mellinger, N.: Fleisch – Ursprung und Wandel einer Lust, Frankfurt/Main 2000

Mohrs, T.: Fleisch – das problematischste Lebensmittel schlechthin, in: Bio-Nachrichten Nr. 018, 2010
Morawec, B.: Junges wildes Gemüse, in: Salzburger Nachrichten, 9. April 2011

Pieper, A.: Einführung in die Ethik, Basel 1994

Plasser, G.: Essen und Lebensstil, in: Richter, R. (Hg.): Sinnbasteln: Beiträge zur Soziologie der Lebensstile, Wien 1994

Pollan, M.: In Defense of Food. An Eater's Manifesto, London 2008

Pollmer, U.: Kann denn Essen Sünde sein? Wege in die Krise – Wege aus der Krise, in: Tagungsband zum Themenforum: Essen und Ernährung – heute und morgen, 2005

Prahl, W., Setzwein, M: Soziologie der Ernährung, Opladen 1999

Rifkin, J.: Das Imperium der Rinder, Frankfurt a. M./New York, 1994, S. 124

Risi, A., Zürrer, R.: Vegetarisch leben, Zürich 2011

Rohrhofer, M.: Mehr Grün auf dem Teller, in: Der Standard, 22. September 2011

Ruep, S.: Ernährung und Landwirtschaft als Klimakiller, in: Der Standard, 2. Februar 2012

Rützler, H.: Was essen wir morgen?, Wien 2005

Rützler, H., Reiter, W.: Food Change. 7 Leitideen für eine neue Esskultur, St. Stefan 2010

Rützler, H., Reiter, W.: Vorwärts zum Ursprung. Gesellschaftliche Megatrends und ihre Auswirkungen auf eine Veränderung unserer Esskulturen, in: Ploeger, A., Hirschfelder, G., Schönberger, G.: Die Zukunft auf dem Tisch, Wiesbaden 2011

Safran Foer, Jonathan: Tiere essen, Köln 2010

Schönberger, T.: Vegetarisch leben – die Ernährungsweise der Zukunft?, in: Linnemann, M., Schorcht, C.: Vegetarismus – Zur Geschichte und Zukunft einer Lebensweise, Erlangen 2010

Schönhöfer-Rempt, R.: Giessener Vegetarierstudie, Gießen 1988
Setzwein, M.: Ernährung – Körper – Geschlecht: Zur sozialen Konstruktion von Geschlecht im kulinarischen Kontext, Wiesbaden 2004

Singer, P.: Praktische Ethik, Stuttgart 1994

Singer, P.: Animal Liberation, New York 2002

Singer, P., Mason, J.: Eating. What we eat und why it matters, London 2006

Stappen, R.: A sustainable world is possible, Eichstätt 2004-2008

Strnadl, S.: Ein Schnitzel für Vegetarier, in: Der Standard, 13. April 2011

Streck, M., Draf,. S.: Der Preis ist billig, aber das Fleisch ist schwach, in: Stern 22, 2010

Struve, G.: Pflanzenkost, die Grundlage einer neuen Weltanschauung, Stuttgart 1869

Spencer, C.: Vegetarianism: a history, London 2000

Twigg, J.: Vegetarism and the Meanings of Meat, in: Murcott, A.: The Sociology of Food an Eating: Essays on the Sociological Significance of Food, Aldershot 1983

Verbeek, D.: Feeding the World, in: Eurofund 3, 2007

Online-Quellenverzeichnis

Agrarmarkt Austria: Konsumverhalten: Fleisch- und Fleischwaren (abgerufen am 4. Februar 2012)

http://www.ama-marketing.at/ama-marketing/daten-und-fakten/fleisch-fleischwaren/

Beef! – Das Magazin für Männer mit Geschmack (abgerufen am 21. Februar 2012)

http://www.beef.de/

Büning-Fesel, M.: Ernährungskompetenz ist Lebenskompetenz (abgerufen am 22. Februar 2012)

http://www.aid.de/downloads/aid_forum_2008_abstract_buening_fesel.pdf

Desrues, G.: Die wichtigste Ursache für den Klimawandel (abgerufen am: 5. Februar 2012)

http://www.profil.at/articles/1033/560/275891/die-ursache-klimawandel

Fellowes, J.: The new vegetarianism: introducing the flexitarian (abgerufen am: 12. Jänner 2012)

http://www.telegraph.co.uk/health/3459737/The-new-vegetarianism-introducing-the-flexitarian.html

Friedrich-Schiller-Universität Jena: Ergebnisse der Vegetarier-Studie 2007 (abgerufen am: 7. Februar 2012)

http://www.vegetarierstudie.uni-jena.de/

GfK-Studie: „Einfluss des Klimawandels auf den Konsum" (abgerufen am 10. Februar 2012)

http://www.gfk.com/imperia/md/content/businessgrafics/pd_klimawandel_dfin.pdf

Hofer, S.: Da haben wir den Salat: Kommt die fleischlose Gesellschaft? (abgerufen am 12. Februar 2012)

http://www.profil.at/articles/1048/560/283505/da-salat-kommt-gesellschaft

Max Rubner-Institut: Ergebnisse NVSII – Basisauswertung II – Schichtenindex (abgerufen am 12. Februar 2012)

http://www.was-esse-ich.de/uploads/media/PK-29-5-Schichtindex.pdf

Mayerhofer, B: Tiere essen? Der neue Vegetarismus (abgerufen am 24. Februar 2012)

http://www.goethe.de/ges/phi/eth/de7011402.htm

Nestlé Studie 2011: So isst Deutschland (abgerufen am 20. Februar 2012)
http://www.nestle.de/Unternehmen/Nestle-Studie/Nestle-Studie-
2011/Documents/Nestle%20Studie%202011_Zusammenfassung.pdf

Österreichischer Lebensmittelbericht 2010 (abgerufen am 4. Februar 2012)
http://www.lebensministerium.at/lebensmittel/lebensmittelbericht/lebensmittelbericht.html

Österreichische Vegetarierunion (abgerufen am: 4. Jänner 2012)
http://www.vegetarier.at

Schweizer Vereinigung für Vegetarismus (abgerufen am: 3. Jänner 2012)
http://www.vegetarismus.ch

Springen, K.: Part-Time Vegetarians (abgerufen am: 12. Jänner 2012)
http://www.thedailybeast.com/newsweek/2008/09/28/part-time-vegetarians.html

Statistik Austria – Versorgungsbilanzen für den tierischen Sektor (abgerufen am 2. Februar 2012)
http://www.statistik.at/web_de/statistiken/land_und_forstwirtschaft/
preise_bilanzen/versorgungsbilanzen/

Thimm, K.: Manchmal fühlt es sich schrecklich an, Vegetarier zu sein (abgerufen am. 5. Februar 2012)
http://www.spiegel.de/fotostrecke/fotostrecke-58035-4.html

Vegane Gesellschaft in Österreich (abgerufen am: 3. Jänner 2012)
http://www.vegan.at

Weltagrarbericht: Die Erkenntnisse des Weltagrarberichts (abgerufen am 15. Jänner 2012)
http://www.weltagrarbericht.de

Weltagrarbericht – Synthesebericht (abgerufen am 15. Februar 2012)
http://hup.sub.uni-
hamburg.de/opus/volltexte/2009/94/pdf/HamburgUP_IAASTD_Synthesebericht.pdf

Wertewandel (abgerufen am 17. Februar 2012)
http://soziologie.soz.uni-linz.ac.at/sozthe/freitour/FreiTour-Wiki/Wertewandel.htm

Zösch, S., Schäfer, D.: Zur Sachlage in Deutschland – eine Übersicht (abgerufen am: 5. Februar 2012)

http://www.vebu.de/attachments/Foer_Tiere_Essen_Anmerkungsteil_Deutschland.pdf

Mehr zu diesem Thema finden Sie in „Ernährungsverhalten im Wandel.
Geschichte und Ausformungen des Vegetarismus" von Manuela Gruber, ISBN:
978-3-656-38968-2

http://www.grin.com/de/e-book/211113/